Simon Käßheimer

Mit Sortan Limo durchs Universum

Simon Käßheimer

Mit Sortan Limo durchs Universum

Ein Phantastikkurzroman

Goldene Rakete Verlag für Belletristik

Imprint

Cover image: www.ingimage.com

Publisher:
Goldene Rakete Verlag für Belletristik
is a trademark of
International Book Market Service Ltd., member of OmniScriptum Publishing Group
17 Meldrum Street, Beau Bassin 71504, Mauritius

Printed at: see last page
ISBN: 978-620-2-44573-3

Mit Sortan Limo durchs Universum

Ein Phantastikkurzroman von

Simon Käßheimer

„Mit Dank an Katrin, die an meinen Aufsatztexten in der Schule immer Gefallen fand und sie gut benotet hat."

Kapitel:

1. Einstieg

Die Geschichte beginnt an einem ganz normalen Schul-, Arbeits- und Börsentag. Irgendwo auf der Erde, in einem kleinen Hinterzimmer trinkt Pet Hampusch eine Flasche Limonade. Keine gewöhnliche Limonade. Das wäre wohl etwas untertrieben. Es war eine Flasche Sortan Limo, die, wie der Titel des Buches schon sagt, eine sehr wichtige Rolle spielt.

Zu Anfang sollten wir jedoch drei Dinge klarstellen, bevor wir weiterfahren, weitererzählen, weitermachen.

Nr. 1: Was ist Sortan Limo?

Nr. 2: Wer trinkt sie, warum trinkt sie jemand und warum ist das wichtig?

Nr. 3: Das sehen wir dann, wenn es so weit ist.

Sortan Limo ist eine, seit einigen Jahren in den meisten Gegenden der Welt bekannte, Orangenbrause. Wie Fanta oder Sinalco, aber mit dem Bonus eines Isotonicanteils. Da dieser auf das Etikett gedruckt wurde, ist sie zum Kassenschlager bei allen Durchschnittskids geworden. Meist auch bei ihren Eltern. Das ist seit einigen Erdenjahren der terrestrische Stand der Dinge!

Auf dem Planeten Sortan, etwas abseits des Planeten Neptun, auf dem die Limo erdacht, entwickelt, abgefüllt und zur Erde exportiert wurde und ihr (Vorsicht Überraschung !!) auch noch den Namen gab, hat es mit diesem Getränk etwas ganz anderes auf sich.

Nachdem Frage Nr. 1 geklärt ist, kommen wir sofort zu Nr.3. Diese Limo, diese Sortan-Limo war Teil eines Preisausschreibens, das die Sortanen vor ein paar Monaten auf der Erde ausgeschrieben hatten. Obwohl niemand die Werbekampagne ernst nahm, war sie doch riesig.

DURCH'S UNIVERSUM MIT SORTAN LIMO
„25 Flaschendichtungen gesammelt, eingeschickt und als erster auf unserer Website mit Namen gelandet. Schon seit ihr der erste Besucher eurer Art auf unserem Planeten!“

Nun zu Nr. 2. Pet Hampusch, der Typ, der wie schon erwähnt, eine von diesen Flaschen Sortan Limo stemmt, tat das genau aus diesem Grund. Einst war es seine Lieblingsbrause. Heute leerte er die Flasche nicht, sondern begann gerade damit, die Flasche anzutrinken. Seine letzte für lange Zeit. Das schwor er sich dabei mit leichtem Sodbrennen.. Er trank sie auch nur, um endlich an die gewünschte 25. Dichtung mit Code heranzukommen. Dann setzte er sich an seinen Laptop, ein altes Ding von Papa zum bestandenen Abschluss, und gab auf der Sortan Website (www.sortan.unv) wie gewünscht seine Adresse, seinen Kaufgrund und am allerwichtigsten den Dichtungscode ein. Um sich für das Preisausschreiben wie gewünscht zu qualifizieren, klickte er dann auf absenden. Er erwartete als Hauptpreis einen Sachpreis.

Doch die Wirklichkeit war weniger Täuschung als ihm lieb war und damit begann kurz darauf das Abenteuer.

Um das folgende besser zu verstehen, muss man wissen, dass es bei den Sortanen die übliche Vorgehensweise ist, auf einem anderen Planeten ein mehr oder weniger schmackhaftes, aber erfolgreiches Produkt auf den Markt zu bringen, es ein paar Jahre erfolgreich zu vermarkten und dann mittels eines Hauptgewinns eines Preisausschreibens den Erstkontakt mit der fremden Spezies, in diesem Fall den Menschen, herzustellen.

Mittels E-Business und Arbeitsämtern ist das in höher entwickelten Kulturen, nicht so in unserer, gar kein Problem. Warum genau sie es seit Jahrtausenden auf diese Weise machten, ist nicht bekannt. Vermutlich hatte es sich einfach bewährt und jedes hochentwickelte Lebewesen isst oder trinkt doch gern, so lang es lebt. Ein feiner Zug und eine angenehme Vorgehensweise der Sortanen und es wäre längst nicht soviel Unheil im Universum passiert, hätte sich jede Art der andern mit einem Softdrink oder einem Fertigtörtchen vorgestellt.

So empfand es auch Pet Hampusch, als er plötzlich, von einem Licht erfasst auf der fünfeckigen Brücke des Sortanen Flak-, und Frachtschiffes, mit der Wahrheit konfrontiert wurde. Diese wurde ihm mittels eines in die Wandstützen eingelassenen Universalumwandlungsübersetzers vereinfacht.

2. Begrüßung auf sortanisch

Pet Hampusch staunte nicht schlecht. Die Sortanen und ihr Anführer begannen den Erstkontakt geübt. Freundlich. Gewohnt entspannt. Der Anführer kam von seinem bogenförmigen Sessel herunter und schüttelte Pet die Hand. Er beglückwünschte ihn zu seinem Gewinn. Der Gewinn, das sollte in Pet`s Augen eher ein teurer Sachpreis irgendeiner Art oder ein Urlaub mit Kulturprogramm zu ungenanntem Ziel sein.

Obwohl Letzteres, Urlaub mit Kulturprogramm, in diesem Fall den Nagel mit allen vier Hammerseiten voll auf den Kopf traf. Ein Kultururlaub würde es wohl sicher werden. Pet Hampusch war zum Vertreter der Erde beim Erstkontaktbesuch des Planeten Sortan erwählt worden. Per Preisausschreiben. Der letzte Teil seiner Aufgabe oder besser sein Nachtrag war aber auch für Pet zu viel gewesen und so klappte er erst einmal auf der Brücke zusammen. Nach wenigen Minuten, vielleicht waren es auch Stunden gewesen, erwachte Pet an dem Platz, an dem er zusammengesunken war und sah sich immer noch dem sortanischen Anführer gegenüber. Dieser hieß übrigens Naap. Die Crew umringte ihn daraufhin ehrfurchtgebietend und wartete einfach ab. Sie ließen ihn auf dem Boden liegen, um ihn aus seinem spontanen Schläfchen nicht zu wecken. Ein weiterer feiner Zug dieser Spezies, um ihn nicht zu verärgern oder zu kränken, von dem Pet jedoch nichts ahnte.

Pet stand auf und schüttelte sich erst einmal, um wieder richtig zur Besinnung zu kommen. Dann fragte er ohne Umschweife verärgert nach dem Grund der Teilnahmslosigkeit : „Ist das eine Art ... liegen gelassen zu werden? Nennt ihr ... das höflich?“. Bis ihm durch ein Nicken und Lächeln der ihn Umringenden klar wurde, dass das wohl wirklich ihre Art war. Sie wirklich nur höflich sein wollten, auf ihre Art. Und dies praktiziert hatten. Im ersten Moment schämte sich Pet für sein Brüllen und dummes Gefrage. Dann entschuldigte er sich beim Anführer und allen näherstehenden Personen mit Händedruck und schämte sich dann schließlich wieder. Gerade wollte er mit Stufe 1 der Schamhaftigkeit (mit leicht gesenktem Kopf) beginnen, als ihm Naap auf die Schulter klopfte und ihn tröstete: „Nimm`s nicht so schwer, jeder ist mal müde. Ich fast immer. Wir verstehen das. Jetzt sollten wir aber nach Sortan aufbrechen, damit du unsere Welt kennen lernst. Schließlich hast du ja gewonnen.“ Pet widersprach und verbesserte ihn nicht und willigte mit einem freundlichen Druck der seesterngleichen Alienhand ein. Naap nahm auf seinem Bogensessel wieder Platz und winkte Pet zu sich, damit er sich neben ihn auf einen Notsitz setzen sollte, der auf Knopfdruck ausgeklappt wurde. „Schnalle dich an“, sagte Naap lächelnd und kurz darauf fixierte ein Dreiecksgurt Pet`s Körper auf dem Notsitz. „Maxdep 3“, sagte Naap zu seinem Steuermann. Der daraufhin ein paar Knöpfe drückte. „Wir wollen unseren Gast und Freund ja nicht überfordern. Er ist auf seinem Planeten ja höchstens Geschwindigkeiten von Nidep 2 bis 2,5 gewöhnt.“

Pet verstand kein Wort und musste es wohl auch nicht. Genau wie wir nicht exakt verstehen müssen, warum das Raumschiff, die Erde umkreisend, niemandem auffiel. Das Schiff begann sich langsam zu bewegen. Wendete und flog dann langsam über die Atmosphäre der Erde dahingleitend in Richtung restliches Weltall. Dann begann es ruckartig zu beschleunigen bis eins, zwei, drei … Maxdep 3 erreicht war. Mit erreichter Maxdep 3 begann vor ihnen, aus den Sternen und ihrem Schein ein Tunnel zu werden und aus dem Tunnel wiederum ein helles Licht.

Das Licht ging plötzlich wie eine Glühbirne vor ihnen aus und die Sterne kamen wieder zum Stehen. „So, da sind wir“, sagte Naap. Und seine ganze Crew atmete beim Anblick ihres Planeten verliebt auf. Pet hoffte, dass es nicht des langsamen Fluges wegen war und folgte Naap nacheilend durch die Stahlgänge. „Oh, du bist schon da und willst schon mit? Dann muss ich meinen kleinen Pausenbesuch wohl nach später verschieben, wenn du verstehst“, sagte Naap und zog Pet mit seiner großen Hand neben sich, um ihn nach draußen zu geleiten.

Pet verstand langsam. Immer besser begriff er, warum Naap zum Anführer des Planeten Sortan und seiner Bewohner gewählt worden war. Welcher Anführer der Erde hätte schon ohne zu murren und knurren eine kleine Pause für sein Land oder seinen Staat ausgelassen. Nach einigen Gängen und Gangwindungen kamen sie bei einer großen Luke an. „Noch einen Moment. Wenn die Anzeige neben der Tür auf grün springt, können wir die Luke öffnen und nach draußen gehen“, erklärte Naap. Als das rote Anzeigelicht auf grün sprang, fuhr erst die Verriegelung zur Seite, dann öffnete sich eine Tür. Über eine lange Rampe, die ausfuhr und sich selbst staatsfein machte, schritten Pet und Naap unter plötzlichem Jubel nach draußen.

3. Sortan

Sie gingen die lange Titanrampe hinunter, die im Sonnenlicht strahlte. Umjubelt von männlichen und weiblichen Sortanen. Das war der Zeitpunkt, an dem Pet zum ersten Mal die Sortaner genauer anschaut. Naap`s Hand, die einem gebogenem Seestern ähnelt, hatte er in der Aufregung gar nicht richtig wahrgenommen. Also wie sehen Sortaner aus?

Im großen und ganzen gibt es zwei verschiedene Arten von Sortanen. Wieso im großen und ganzen? Na gut. Ganz einfach, deshalb weil es wie bei uns Menschen eine riesige Menge an Sortanern gibt, der eine hat große Augen, der andere kleine. Der nächste dunkle Augen, während der nächste helle hat und so ist es mit allen Äußerlichkeiten, die einen Sortaner oder eine Sortanierin zu sich selbst macht.

Bei den Sortanern gibt es nur zwei Rassen. Sie unterscheiden sich nur in Hautfarbe und Kopfform. Eine von ihnen hat eine hellblaue Haut, während die Anderen pink – wein-rötliche haben. Zum andern die Kopfform. Die Einen haben einen eher froschartigen, mit unförmigen Pusteln bedeckten Kopf. Von einer leicht nach hinten gebogenen Spitze am oberen Kopfende stehen einige lange helle Haare ab. Während die anderen, neben der anderen Hautfarbe einen vom Grund- und unteren Aufbau fast gleichen, jedoch kürbisförmigen, haben. Dieser läuft ebenfalls am oberen hinteren Ende spitz zu. Ein zylinderförmiger Kopf der aber auf jegliches Haar verzichtete. Die Anderen haben jedoch einen kürbisförmigen Kopf. Dieser läuft ebenfalls am oberen hinteren Ende spitz zu, der aber auf jegliches Haar verzichtet. Beide Arten sahen trotz dieser ungewohnten Äußerlichkeiten im Grunde sehr freundlich und liebenswert aus.

Die hellblauen Sortaner hatten alle orangerote Gewänder mit doppeltem Halsrand an, die ihnen bis zum Ansatz der Handgelenke und den beschriebenen Seesternfingern reichten. Die andern trugen fast identische Gewänder, nur waren diese lila und an den Fuß- und Ärmelenden mit rosa gemusterten Streifen verziert.

Hunderte von Sortanern drängten sich nun um das Raumschiff. Sie alle winkten und schrien ihrem Herrscher und dem Besucher euphorisch zu, während Naap und Pet die Rampe passierten und dann den Boden des Planeten Sortan betraten.

Ein schönes Gefühl, dachte Pet, als er den ersten Fuß wieder auf festen Boden setzte. Im gleichen Moment beschäftigte er sich mit der Erinnerung an die erste Mondlandung seiner Spezies. Weiter dachte er auf einmal über seine Verpflichtung der Menschheit gegenüber nach. An das, was er sein und für sie repräsentieren musste. Zuletzt schweiften seine Gedanken bis zu dem Punkt ab, an dem er darüber nachdachte, wie er durch die Nase noch mehr Luft bekommen sollte, um stehen zu bleiben. Das waren seine letzten Gedanken.

Er wachte dann viele Stunden später in einem bequemen Bett auf, das aber nicht sein eigenes war.

4. Aufstehen

Es fiel ungemein leicht, ein fremdes Bett zu verlassen. Mit einem Sprung hatte es Pet gepackt. Wo war er hier nur? Er suchte nach einer Tür oder einem Fenster, doch beides war weg. Oder besser gesagt - nicht da. Plötzlich merkte er, wie er nach oben gefahren wurde. Seine Füße stemmten sich auf den Boden, ähnlich dem Gefühl, wenn man einen Aufzug hochfährt. Oben angekommen, stand er auf einer großen Plattform, die weit in alle Richtungen reichte. Einige Sortanen waren auch da und drehten sich nach dem angekommenen Pet und seinem Bett um. Pet trat einige Schritte zur Seite und in seinem Rücken verschwand das Bett samt Nachtschränkchen in einer Röhre hinter ihm. Was sollte er nun tun? Er beschloss, sich einigen Sortanen, die ihn bereits in Augenschein genommen hatten, vorzustellen. Er lief langsam auf sie zu und reichte einem von ihnen die Hand. „Guten Tag." Der Sortane schaute ihn mit großen Augen an und griff schließlich nach seinem Daumen, schüttelte ihn und ließ ihn wieder los. „Guten Tag finden wir auch", sagten sie im Chor. „Nur was meinst du damit ?" Pet überlegte kurz, wusste sich aber keine Antwort.

„Ich finde, dass es ein schöner Tag ist und hoffe, dass ihr ihn teilt," sagte Pet. „Wo bin ich hier?" „Du bist im Schlafbereich des Zentrums." „Das

Zentrum?“ wollte Pet wissen. „Ja, das Zentrum. Es ist der zentrale Punkt unseres Planeten. Von hier aus wird alles gelenkt und geleitet, was so ansteht. Auch Staatsbesuche - wie deiner. Hat dir das Bett gefallen, das wir für dich und deine Ankunft entworfen haben?“ „ Joö, Jaa,“ stotterte Pet. „Sehr gut! Hat eine Weile gedauert, die Materialien zu exportieren. Die Bäume, die Federn, der Stoff – du verstehst?“ Pet verstand nicht, doch was kümmerte das die Sortanen. „Komm mit, wir wollen dir mehr zeigen.“ Sie gingen im Trio neben einander her und schritten eine geschwungene Rampe am Ende der Plattform hinunter. Sie zog sich ein wenig, doch in der anderen Ebene angekommen strahlten ihnen schon ein paar andere Sortaner entgegen. Sie traten auf sie zu. „Huugnug werter Besucher.“ Begrüßten die Herannahenden Pet. Pet wusste nicht, wie er antworten sollte. Also sagte er nur kurz ohne Nachzudenken: „Huunug. Huunug dir auch.“ Die Antwort schien gepasst zu haben. „Was ist los? Wieso so förmlich? Sag doch einfach Hallo oder was du gewohnt bist.“ Jetzt war Pet völlig verwirrt, was sollte er sagen und wie?

So stand er also da, umringt von Sortanen der älteren Generation. Man merkte dies an ihrer Größe und dem bartartigen Flaum unter ihrem Kinn. Oder besser, man merkte es nicht. „Wo bin ich hier?“ erkundigte sich Pet erneut. „Das hier ist die Ebene 7 des Zentrums. Hier treffen sich die allerhöchsten Anführer von Sortan, um das weitere Vorgehen zu beraten. In deinem Fall ist es das Begrüßungsprozedere. Doch nun genug der Beratung, schreiten wir zur Tat. Genug des Geredes, schreiten wir in den Begrüßungssaal, wo die Erfrischungen stehen.“ Sie nahmen Pet in ihre Mitte und zogen ihn mit sich. Pet wusste nicht recht, wie ihm geschah. Plötzlich waren sie eine weitere Ebene und einen langen schmalen Gang entlang gelaufen und standen in einem großen breiten Saal, der sich vor ihnen erschloss. Der Saal war rundherum aus einer Kuppel aus Glas, so dass man die Sonnen am Himmel stehen sehen konnte.

Auf dem Tisch stand neben einigem Anderen Sortan Limo. Was hätte auch sonst zur Begrüßung ausgeschenkt werden sollen? Pet dachte das selbe. War aber froh das er sich erst mal an nichts Neues und Unbekanntes, zumindest in flüssiger Form, gewöhnen musste. Er zog eine der Flaschen aus einem mit Eiswürfeln angefüllten Schalengebilde. Im Grunde wie bei uns auf der Erde, nur aus meloxischem Glaskristall. Teures Geschirr auf Sortan. Auch das noch, ging es Pet durch den Kopf und so war er besonders vorsichtig damit.

Plötzlich stand der sartonische Außenminister vor Pet. Er wusste nicht, dass er es war. Doch er vermutete es an der Art seiner Kleidung. Ein Gebilde, ähnlich einem Hawaii-Hemd, schlenderte um seine Hüften. „Guten Tag Herr Hampusch. Gefällt es ihnen auf Sortan und in diesem Teil unseres Universums?“ Pet schluckte, dann antwortete er: „Ja, nur warum ich?“ „Ich würde sagen, weil sie als einziger fünfundzwanzig unserer Limodeckelcodes eingeschickt haben. So einfach ist das.“ „Verstehen sie mich nicht falsch“, holte Pet nochmals aus. Ich weiß, warum ich gewonnen habe. Aber nicht weswegen ich hier bin oder sein darf. Das alles kommt irgendwie etwas plötzlich und obendrein unerwartet für mii... meine Spezies und mich.“ „Ach so“, antwortete der sortanische Minister. „Ich verstehe ihre Bedenken. Ich bin der sortanische Außenminister. Glauben sie mir, das hat alles seine Ordnung.“ Er hatte es offensichtlich nicht verstanden (*Zwinker Zwinker*). Nun gut. So blieb es auch noch eine ganze Weile, bis Pet wieder das Wort ergriff. „Ich dürfte eigentlich gar nicht hier sein“, versuchte er sich zu erklären. „Ich bin der Falsche, um als Botschafter für meinen Planeten aufzutreten.“ „Das finden wir nicht“, erklärte der Minister. „Sie können doch nicht aufgrund eines Gewinnspiels den Botschafter für eine ganze Spezies bestimmen“, erklärte Pet. „Ooooh doch, das können wir. Das machen wir schon immer so. Mit großem Erfolg.“ „Nicht zu glauben.“ „Wir finden, dass es eine der sortansten bzw. humansten

Auswahlmöglichkeiten ist.“ Da konnte Pet nichts darauf erwidern, er freute sich, dass die Sortanen es so sahen. Seine Wenigkeit war also in allem Maße geschätzt. Das gab ihm ein gutes Gefühl und er freute sich für diese Aufgabe bestimmt worden zu sein. Er, gerade er, der Mieter aus 23b. Das Leben war schon eine verrückte Sache.

5. Der Empfang

Nachdem Pet, umringt von dutzenden Sortanern und Sortanerinnen, seine zweite Flasche Limo geleert hatte, beflügelt durch den Zucker oder was auch immer, wandte er sich seinen Gastgebern zu und klopfte mit seinem Schlüsselbund gegen die Flasche. „Liebe Sortaner, ich möchte mich hiermit in aller Förmlichkeit bei ihnen für diese Chance und meinen Gewinn bedanken." Die Sortaner staunten nicht schlecht. Das hatten sie wohl nicht erwartet oder schon einmal in dieser Form erlebt. Sie zögerten alle erst ein wenig, dann jedoch zog einer der Anwesenden die Aufmerksamkeit auf sich, indem er sagte: „Und wir freuen uns dich eingeladen zu haben und als Besucher unseres Planeten zu begrüßen. Sei uns willkommen." Sie wendeten sich wieder dem Buffet zu und Pet gesellte sich, herangewinkt, zu ihnen. Pet wusste nicht, was das alles war, was er da vor sich sah. Einiges sah aus wie Hühnchen, etwas anderes, wie Reiskörner oder ähnliches. Er nahm von dem Reis und platzierte es auf einem durchsichtigen Teller den er sich von einem Stapel am Rand genommen hatte. Das seltsame an dem Teller war das er nicht schwerer wurde während ihn Pet mit Essen befüllte. Er schaute darunter, merkte dann aber wie seltsam das wirkte bei einem durchsichtigen Teller und lies es wieder bleiben. Die Teller waren irgendwie von einem Kraftfeld beflügelt. Ungewöhnliche Teller eben. Pet hatte sich eine ordentliche Portion Essen aufgeladen und sich seitlich des Stehempfangs platziert, um mit einem knochenfarbigen Löffel das Bescherte zu verspeisen, als plötzlich eine jüngere Sortanerin auf ihn zu kam und neben ihm stehen blieb. „Schmeckt ihnen ihr Reem und die gewählte Beilage“, wollt sie wissen. „Mein Reem, ööhm ja, es ist köstlich“, schmatzte Pet. „Toll diese Kraftfeldteller nicht? Hier wird an nichts gespart.“ „Und diese schöne Aussicht“, stellte Pet fest. „Dankeschön.“ „Oh, bitte schön! Obwohl ich sie gar nicht ausschließlich meinte, mehr das Panorama.“ Die Sortanerin drehte sich um, fühlte sich geschmeichelt und sah zu den Sonnen empor. „Sie haben recht. Das ist mir nach all den vielen Jahren gar nicht mehr aufgefallen. Es gefällt ihnen also auf Sortan ?“, hakte sie nach. „Ja, was ich bislang gesehen habe, gefällt mir sehr gut.“ Pet unterhielt sich noch eine Weile mit der Sortanerin über sortanisches Wetter, ihre Hobbys und vieles mehr und wurde dann wieder von einem der größeren Sortaner zu sich gewinkt. „Sie entschuldigen mich“, verabschiedete sich Pet. Die Sortaner wollten ein Gruppenbild machen und Pet sollte sich in ihre Mitte stellen. „Pet tat wie ihm geheißen wurde.“ Klick. Knips. Daraufhin folgte schon wieder ein Gespräch mit einem Sortaner, der jüngeren Generation. Dann noch eines und noch eines. „Morgen früh wirst du in der sortanischen

Presse zu sehen sein“, sagte der Außenminister und klopfte Pet fest auf die Schulter. „Was soll ich eigentlich hier machen?“ „Du sollst dich hier wohl fühlen und Eindrücke sammeln für deinen Planeten“, erklärte der Minister. „Dazu müsste ich allerdings das restliche Universum bereist haben, um mir ein genaues Bild davon und von ihrem Planeten zu machen.“ „Findest du? Na gut. Daran soll´s nun wirklich nicht liegen.“

6. Vorbereitungen

Naap war nur einige Schritte weit vom Außenminister und Pet entfernt und als er ihr Gespräch mitangehört hatte, trat er zu ihnen. „Du willst also das Universum sehen, junger Freund? Ist verständlich ,wenn man noch nichts davon gesehen hat. Wo willst du denn hin ? Melox vielleicht. Sollen tolles Geschirr dort haben oder zum Orionus System ?“ Pet verstand nur Bahnhof. „Ah jetzt hab ich es, Nodrus 7, der wird dir gefallen. Finden sie nicht auch Minister ?“ Der Minister nickte in sich hinein. „Heißt das nun ja oder nein?“ „Ich finde, das ein interplanetarischer Rummelplatz, wie Nodrus 7 nicht genügend kulturellen Wert im Universum besitzt, um ihm ein angemessenes Maß an Eindruck über das Universum zu vermitteln. Im übrigen kann sich Nodrus 7 nicht mal annähernd mit Sortan messen.“ „Da haben sie sicher recht lieber Freund, was sollen wir also tun ihrer Meinung nach ?“ „Wie wäre es mit Kultar nahe dem Saturnsystem.“ „Das ist ein guter Vorschlag.“ So ging es noch eine Weile weiter und Pet Hampusch kamen ernsthafte Zweifel an seiner Einstellung zum Leben im Universum. Als er genügend verwirrt war, zogen ihn Naap und der Außenminister mit sich, erkundigten sich nicht weiter nach Pet`s befinden und bestiegen ein etwas kleineres Raumschiff, als das mit dem sie Tag´s zuvor gekommen waren.

Sie gingen eine weitere Ebene nach unten und gerieten über eine ausfahrbare Rampe zu dem besagten Fluggefährt und stiegen dort ein. Pet wusste gar nicht, wie ihm geschah oder geschehen sollte, er fügte sich seinen Gefährten. Sie betraten die Rampe, die in das Schiff hinein führte. Ein kleiner Gang führte weiter nach innen bis sie bei den Bedienfeldern und dem Cockpit des Schiffes ankamen. Sie Namen Platz und Naap gebot Pet sich auf dem zugewiesenen Platz anzuschnallen. „Gleich geht`s los, schnalle dich bitte an." Pet kam diesem Wunsch gerne nach. Naap befahl dem Steuermann, die Turbinen zu starten und setzte sich dann selbst auf den Kommandosessel. „Wir fliegen nach dem Orionsystem zum Planeten Wombo 9", befahl er. Pet wusste nicht, was er hätte sagen sollen. Eben erst war er auf dem einen Planeten, Sortan oder wie der hieß, angekommen und nun sollte es schon zum nächsten von vielen fliegen. Das ging alles nicht mehr in seinen Kopf hinein. „Wieso denn nun schon nach Wombo 9 liebe Freunde, ich bin doch auf ihrem Planeten erst angekommen", fragte er. „Nun, äähm", die Besatzung inklusive Kapitän stotterte. „Nun, äähm, weil wir noch was vorzubereiten haben", erklärte der Außenminister. „Vorzubereiten, was denn ?", wollte Pet wissen. „Nichts, gar nichts", der Außenminister schluchzte plötzlich und begann zu weinen. „Wir haben nichts weiter zu bieten, als unser schönes Verwaltungszentrum und unseren öden Planeten mit dem seltsamen Namen."

Pet Hampusch verstand, viel zu gut verstand er, was in den netten Sortanern vor sich ging. Sie wollten so viel für eine gute Nachbarschaft im Universum tun und hatten doch so wenig zu bieten. Er kannte das. Wie gern hätte er einmal den schönen Silbergrauen Kater von Fräulein Melig gestreichelt, aber sie hatte es ihm immer verboten. Er kannte das. Wahrscheinlich wünschten sich die Sortaner nichts sehnlicher, als in unseren Wäldern und Tälern einmal spazieren zu gehen, zu Besuch zu kommen und ein wenig zu Grillen. Damit war es aus ihrer Sicht jetzt schon aus. „Liebe Sortaner, bitte macht euch keine Sorgen. Euer Planet gefällt mir, sehr gut sogar und ich bin mir sicher, dass geht meinem Volk genau so." Der Außenminister fasste sich wieder und brachte nur ein zweifelndes „Echt" heraus. „Ja so ist es", sagte Pet. Er bekräftigte es nochmals mit einem Lächeln. Sie waren wieder zufrieden.

7. Die erste Reise

Wombo 9 war nur eine halbe Stunde Flugzeit entfernt und Pet war froh, dass er den Fremden ein gutes Gefühl gegeben hatte, indem er sich bereit erklärte, dennoch mit ihnen zu fliegen, um diese Kolonie von Sortan kennenzulernen. Wombo 9 war ein kleiner Planet, der so gar nicht dem ähnelte, was Pet Hampusch bereits über Planeten wusste oder von ihnen kannte. Zum einen war er nicht rund wie eine Kugel Eis, sondern eher sechseckig. Eine seltsame Form, wie sie in irdischen Astronomiebüchern und Atlanten undenkbar wäre und obendrein zum Abmalen, wie in der Erdenschule, und vielem anderen Dingen praktischer. Es landet sich einfach bequemer auf einem sechseckigen Planeten als auf einem Runden.

Wombo 9 war ein relativ karger und öder Planet, mit seiner braungelben Farbe und den wenigen Pflanzen, die darauf wuchsen. Aber er war dennoch beeindruckend. Für Pet Hampusch war es erst sein dritter Planet und somit wiederum eine interessante Erfahrung mehr auf seinem Weg, geübter Botschafter der Erde zu werden. Er lobte die wenigen Blumen, die auf dem Planeten wuchsen, zupfte an diesen und roch an jedem und zu guter Letzt steckte er einige Steine ein. Naap war sicher, dass das alles gut gemeint war, doch verstehen konnte er es nicht. Der Außenminister, dessen Name übrigens Broochie war, stellte sich erst mit Vornamen vor, dann zeigte er auf eine Siedlung nahe dem Raumschiff. „Dahin wollen wir Herr Hampusch.“ Sie langten bei einer Siedlung an, die einer Westernstadt glich. Die Häuser waren im Grunde ähnlich, nur kuppelförmig.

Hier und da war eine Bar, dort eine Drogerie und ein Lebensmittelgeschäft. Jedenfalls vermutete Pet dies, da vor den Läden vielen länglichen Kisten standen. Vielleicht war es aber auch ein Bestattungsunternehmen. Er konnte es nicht bestimmen. Sie schlenderten zu dritt weiter. „Sehen sie Herr Hampusch“, äußerte sich der Außenminister. „Dies ist eine unserer Kolonien. Sie ist allerdings nicht so hochtechnisiert oder gut ausgestattet, wie die Städte auf unserem Heimatplaneten. Dennoch sind wir sehr stolz auf Wombo 9. Die anderen Wombo Kolonien dümpeln eher vor sich hin. So wie auf Düne oder auf Platsch . Wombo 9 kann es noch sehr weit bringen. Das Potenzial ist da, nur an den oberirdischen Grünpflanzen fehlt es auch hier etwas. Wollen sie vielleicht ein Einkaufszentrum besuchen oder eine Partie Mestruk in einer der Bar`s spielen?“ Pet überlegte: „Nein, ich möchte ihnen keine Unkosten machen und Mestruk – nun, ich bin nicht gut in Gesellschaftsspielen.“ „Prima“, erklärte Naap. „Wir auch nicht“. „Dann wollen wir weiter reisen zu Oxno, es gibt noch viel zu sehen.“ Gesagt. Getan. Sie gingen zurück zum Raumschiff und Minuten später erhoben sie sich vom Planetenboden.

8. Der zweite Flug

Nach kurzer Zeit brach Broochie das entstandene Schweigen:„Soviel mehr als die Erde, Sortan und ein paar andere bewohnte Planeten gibt es gar nicht im Universum“. „Zumindest nicht, dass wir wüssten“, erklärte der Kapitän des Raumschiffes. „Wir jedoch wollen dir zeigen, was es zu sehen gibt. So gut wie möglich. Wollen wir zu Oxno fliegen? Der ist nicht weit weg und es gibt ein wenig mehr zu sehen als auf

unseren Wombokolonieplaneten. Oxno ist ein Planet der Tierklasse. Das heißt, er ist hauptsächlich von tierartigen Wesen bewohnt und bevölkert. In diesem Fall Affrüden Es ist mehr ein Urwald, als ein zivilisierter Planet, aber er beherbergt eben auch eine Art Leben, wie sie im Universum oft zu finden ist. Ganz nebenbei ist er aber auch nicht so öde, wie die von euch benannten Neptun, Pluto und das restliche leblose Sonnensystem der Milchstraße. Ich finde Oxno schön“, sagte Napp. „Darum fliegen wir jetzt einfach mal vorbei.“ „Och, ich fand die Kolonie auch sehr interessant“, sagte Pet beiläufig feststellend.

Es dauerte eine Trillionstelsekunde oder noch weniger und hatte er mit diesem Satz, ohne es zu ahnen, die Herzen der Sortanen erobert. Sie waren nicht stolz auf ihre Kolonien, aber das wusste Pet natürlich nicht. Sie fanden, sie waren ein Rückschlag in der Forschung und der Entwicklung der Sortanen. Was also war mehr Balsam auf die Seele eines Sortanen, als ein Lob über ihre vermeintlichen Fehlschläge im Universum. Wobei Wombo 9 im Verhältnis zu anderen Planeten noch gut abschnitt. Den Sortanen im Raumschiff war nun klar, dass sie nicht mehr tief zu stapeln brauchten. Ihre vermaledeiten Kolonien waren im Auge eines Menschen etwas Besonderes. Da konnten sie nun nach Oxno ruhig mal was tuffigeres ansteuern, ohne das Gesicht zu verlieren. Tuffig heißt in der Sprache der Sortanen übrigens so viel wie lebendig oder spannend. Ein genaues Erdenwort gibt es dafür jedoch nicht.

9. Oxno

Sie langten nach einigen Stunden Flug am grünen Planeten Oxno an. Groß war er nicht, dafür grün und dicht bepflanzt. So landeten sie auf einer Lichtung zwischen einem Kreis von alten kahlen Mammutbäumen, die sich wie abgebrochene Streichhölzer gegen Himmel streckten und eine Freifläche zwischen sich schufen. Ruhigen Schrittes stiegen sie aus und betrachteten die Umgebung, nachdem sie die Rampe hinuntergelaufen waren. Um sie herum war dichter Dschungel und der damit verbundene trophische Wald. Weil es nun auf der Lichtung nichts besseres zu erkunden gab, entschloss man sich, die Gegend mit einer Lasermachete zu entzaubern. Zuerst einmal waren da Fliegen jeglicher Art, darauf folgten trophische Frösche und zu guter Letzt einige wunderschöne Schmetterlinge, wie sie Pet noch nicht gesehen hatte. Das allerdings war alles viel zu irdisch und zu alltäglich, um ihn wirklich aufhorchen zu lassen. Vielmehr hatten es ihm die Pflanzen auf Oxno angetan. Da waren selbstverständlich Schlingpflanzen und Farne. Diese jedoch bildeten nur den Rahmen für das, wovon Napp so geschwärmt hatte. Da waren Blumen mit lila und neongrünen Kelchen, Sträucher mit dunkelgrünen Punkten, zitronengelbe Früchte, die zwischen manchen Bäumen hingen, Stauden aus blauem Grün,

Bäume in allen Formen und Farben und zu guter Letzt neben noch vielem anderen ein Riesenbaumfarn, der in allen Regenbogenfarben leuchtete. Pet war berauscht. Ja er war fasziniert und konnte sich kaum an den vielen Nichterdenpflanzen sattsehen. Ja, Oxno war ein Erlebnis, soviel stand fest.

Nun aber wurde es gefährlich. Ein oxnonischer Vielstreifenpanther brüllte in der Nähe. Um diesem zu entgehen, beschlossen die Oxnogäste wieder zum Raumschiff zurück zu gehen und einzusteigen. Der nächste Planet, den sie nun anflogen war Schnizpo, den der Kapitän bereits beim Ausstieg ins Logbuch eingetragen hatte.

10. Der Planet Schnizpo

Schnitzpo war klein, sehr klein würden manche irdischen Wissenschaftler vielleicht sagen, denn im Vergleich mit dem restlichen Sonnensystem maß er höchtens ein Drittel des kleinsten unserer bekannten Planeten. Es war ein runder, fast schon ärmlich bewachsener Planet, dessen innere Werte aber seinen Schatz darstellten. Im wahrsten Sinne des Wortes, denn Schnizpo war ein Bergwerkplanet und die Kristalle, die dieser Planet lieferte, wurden ins gesamte restliche bevölkerte Universum geliefert. Genauer genommen wurden sie abgebaut, eingepackt, abgepackt und verpackt. Daraufhin folgte der Versand über Schnizpo, was dem heutigen Internetbuchhandel oder ähnlichem sehr nahe kommt und mit den Einnahmen wurden die Bergleute und Geologen bezahlt. Eine komische Wirtschaft und nicht sehr rohstofffreundlich. Zugegeben, aber so war es nun mal. Daneben betrieb der Planet viel Bergwerkstourismus, um die Schönheiten der Kristalle zu bewerben und eben diesen sollte Pet nun kennenlernen. Sie landeten auf einer, in die Erde eingelassenen, Plattform und wurden mit allen Ehren der Schnizpobevölkerung begrüßt. Sie hatten nicht oft Besuch, trotz ihres großen Tourismusaufgebotes und so waren wohl ein blauer Teppich und eine Musikkapelle aus Flötenbläserwesen das Mindeste für ein

Gastraumschiff. Die Flötenbläserwesen, so könnte man die Musikanten bezeichnen, weil sie Flötengesichtern besaßen, aus denen musikalische Klänge kamen. Pet jedenfalls fühlte sich sehr geehrt. Er schritt über den blauen etwa 30 erdenmeterlangen Teppich, begrüßte die Menge aus Schaulustigen und Besuchern und drückte dann erst dem Gastgeber und danach seinem Adiutanten die entgegengesteckte Dreifingerhand. Letzterer war zutiefst ergriffen.

Sie hatten schon lange keine so herzliche Begrüßung erfahren. So drückte er Pet an sich und Pet wurde klar, Schnizpo war ein rohstoffreicher aber besucherarmer Planet. Pet wurde überhaupt immer mehr klar, irgendwie schien das irdische Alleinsein über die gesamte Weltraumspanne verteilt zu sein. Es war also nicht nur auf der Erde so, dass sich die Bewohner nach jedem Besuch aus dem Weltall sehnten. Zumindest manche, die gewillt waren, etwas mehr zu glauben, als der Durchschnittsbürger bzw. -bewohner.

Eine interessante Feststellung, die Pet da machte und letztlich mochte und vermochte auch er, ein Nichtintelektueller, diese Menschen oder in Schnizpo`s Fall Aliens zu begeistern. Es war wohl seine Herangehensweise an die Sache, die den Adiutanten gerührt hatte. Nun ja, das und die Tatsache, dass in Aussicht stand, endlich wieder mal nach langer Zeit einen Quarzbrocken zu verkaufen. Der Kanzler von Schnizpo, er hieß Trish (so klang es), schüttelte ein weiteres Mal Pet`s Hand, dann bat er ihn, ihm zu folgen und gemeinsam bestiegen sie eine kreisrunde Kabine, die in den Boden eingelassen war. Es war eine Art U-Bahn, wie Pet kurz darauf und nach einem Startruck feststellte und er von allen guten Übersetzern verlassen. Scheinbar. Eine Kapsel weiter hinter ihnen saß allerdings schon Napp und so flogen sie langsam dem Planeteninnern mit seinen Schätzen entgegen. Genau genommen durchflogen sie es schon. Einige der Kristall und Quarzformen und Formationen konnte man von weitem schon erkennen, aber eben nur jene, die das Licht der Kabine zurückwarfen. Es dauerte einige Zeit, bis sie ankamen wo sie letztlich landen sollten und doch war es das Warten wert gewesen, wie sich letztlich rausstellte. Auch ein Mensch mit nicht esoterischen Neigungen oder Interesse konnte an der Hauptader der Schnizponer Gefallen finden. So strahlte Pet und seinen kurz darauf eintreffenden sortaner Gefährten eine Höhle aus reinweißem Bergkristall entgegen. Selbstverständlich nicht so klein und unscheinbar, wie man ihn von der Erde kennt, sondern in großen Formationen und weiten Strukturen. Pet war ein weiteres Mal sehr angetan vom Universum und nahm gerne ein Stück Kristall vom Boden auf, das abgebrochen war, um es zu bewundern.

Letzteres hätte er besser nicht getan und würde wohl auch Pet aus heutiger Sicht sagen. Die Schnizponer waren durch diese Geste so unangenehm berührt und fühlten sich im tiefsten Innern beleidigt, dass sie die Verkaufstour durch ihren Planeten kurzfristig abbrachen und ihre eben noch so herzlich entgegengebrachte Zuneigung einstellten oder sagen wir auf ein Mindestmaß beschränkten. Ein kurzer Besuch wurde es. Pet durfte noch durch ein Andenkenbergwerk gehen. Er wurde samt seiner Begleitung wieder zu ihrem Schiff gebracht und ehe Pet sich versah, flogen die Sortaner mit ihm und seiner Mannschaft zum nächsten Ziel ihrer Rundreise.

Pet hatte sich seine Planetentour etwas länger vorgestellt und ausführlicher und sah für einen aufgehobenen Kristallsplitter keinen Grund, geknickt zu sein oder gar verächtlich. Der sortanische Botschafter erklärte Pet das plötzliche Verhalten der Schnizpoer. „ Sieht man es mal aus der Sicht der Schnizpoen, kann man ihre Reaktion schon igendwie verstehen. Sie schuften, ackern, hacken , meiseln und schleifen ein Leben lang und darüber hinaus an ihren Bergwerken, legen die schönsten Kristalle des Universums frei und nach einem kurzen Blick des Staunen`s darauf bückt sich ein Fremdling und hebt ein wertloses Stück Müll oder Abfallquarz auf um es zu bewundern. Das spricht nicht für einen Kenner von wahrer Schönheit. Zumindest nicht aus Schnizpoersicht. Und eben jene sollte man sich eben auch mal vor Augen führen.“ Pet wurde im Nachhinein klar, Schnizpo ist ein empfindliches Stück Planet bei all seiner Schönheit, das gilt für Kristall und Bewohner. Trotzdem scheint der im Universum gebräuchliche und umgangsprachlich verwendete Spaßsatz: „Schnizpo, da hörst meist nur ein oh oh.“ Seine Richtigkeit zu haben. Vielleicht sind manche Welten mit ihren Bewohnern bei aller Herzlichkeit nicht zum Besuchen geeignet.

11. Ein weiterer Besuch

„Ein schneller und unerwartet kurzer Besuch war es auf Schnizpo gewesen. So oder so gab es noch genug anderes im Universum zu bewundern und so ist es vielleicht gut, wenn wir nicht Stunden mit einem Planeten und seinen Kristallen verschwendet haben." sagte Napp, der Pet in keinster Weise böse war für seinen Fauxpas. Wahrscheinlich, weil er sich auch noch an seinen Erstkontaktversuchs mit Schnizpo erinnerte und letztlich war es dort ebenso gut gegangen, wie bei Pet`s Reisebesuch. Er war wegen einer Nagelfeile im Koffer und mangelnden Fachkenntnissen im Bergwerkswesen fortgejagt worden. Ach ja, die gute alte Zeit. Auch bei der Auswahl des nächsten Planeten, den der Kapitän nach gemeinsamer Absprache in den Bordcomputer eingab, überkamen Naap Erinnerungen. „Oh ja, Orang. Wie war ich damals verliebt auf Orang." seufzte Naap und gab der Kapitän den Befehl zum Sprung durch die Lichtmauer. Kurze Zeit, es waren wohl einige Minuten, später brach der Sprung ab und sie landeten ruhig fliegend vor einem orange-roten Planeten, der sich auf dem Deckschirm drehte. Langsam flog das Schiff in dessen Atmosphäre ein. Je tiefer sie kamen, desto ruhiger wurde es und als sie letztlich landeten, war klar, wo sie sich befanden. Orang war ein Wüstenplanet.

Alles und alles noch mehr war mit Sand bedeckt, hier und da ein Stein und eine Sechsbeinige Echse, die sich dazwischen auf einer Düne bewegte. Sonst war da nicht`s. „Ist es nicht herrlich ruhig hier“, fragte Napp Pet sinnend. „Ja ist es“, antwortete dieser. „Das wollte ich dir nur einmal zeigen und dich erleben lassen“, erklärte Napp. „Das ist nämlich auch eine Art von Universum und Planet weißt du, ähnlich wär`s übrigens auch auf eurem Mars.“ Sie bestiegen das Raumschiff wieder, hoben ab und weiter ging`s.

12. Hohe Erwartungen

Einen Planeten, dessen Oberfläche nur von Bergen übersät ist, dessen Oberfläche nur aus Stein und Fels besteht. Angespitzt und kantig von A - Z. Das ist Nordula. Nun gab es wie immer bei einem Besuch auf auf Nordula ein Problem: Wo sollte man landen? Aber gottlob, die Bewohner, die wie die Österreicher auf der Erde hauptsächlich vom Tourismus lebten und irgendwie auch darauf angewiesen waren, hatten inzwischen mitgedacht und zwischen die kargen Felsspitzen hier und da eine Landeplattform gebaut.

„Sehr geschickt diese Plattformen“, lobte der Kapitän diese Tatsache beim Landeanflug und so waren sie binnen weniger Minuten auf einem der Gipfel des Planeten angekommen. Vielleicht plante er aber auch schon seinen nächsten Familienurlaub auf Nordula. Ein paar Schritte vom Landeplattformgipfel entfernt bot sich Pet, Naap und dem Außenminister ein beeindruckendes Felsenpanorama. Nun im Grunde war es wie überall in Gebirgsgegenden, aber schön. Die Tatsache dass es überall Aufzüge in die Täler gab, fiel da nicht groß ins Gewicht, machte aber den Abstieg entsprechend leichter und die Chance ein paar Bewohner zu sehen und kennenzulernen um so größer. „Wovon lebt diese Rasse hier?“, wollte Pet wissen, nachdem er die Gegend bewundert hatte.

Naap zögerte erst, dann sagte er beglommen: „Vom Winter und Bergsport.“ „Nordula ist galaxisweit für seine Täler und Schluchten und die hohen, teils unbestiegenen Bergspitzen bekannt. „Magst du Bergsport“, wollte der Außenminister wissen. Pet zögerte erst, dann sagte er: „Nein, eigentlich nicht. Zumindest mache ich ihn nicht gerne selbst.“ Die Reaktion der Sortanen war überraschend und unglaublich. Sie atmeten erleichtert auf. „Da sind wir aber froh“, sagte Naap. Wir fürchteten schon, wir müssten dich eventuell auf eine Bergtour begleiten. Dabei sind wir froh, dass es hier überall Aufzüge und Seilbahnen gibt.“ Offenbar hatten sie diese mögliche Tatsache fest angenommen. Waren nun erleichtert und hatten zufrieden aufgehorcht. Ohh diese Sortanen. Nun irgendwie kann man`s ja verstehen das sie erleichtert waren. Nur warum hatte sie nicht vorher gefragt? Warum waren sie hier und weswegen der Besuch überhaupt? Sie bestiegen eine der Aufzugsgondeln und fuhren ins Tal. Dort trafen sie endlich auch auf die Bewohner, welche alle mit spitzen Hüten bekleidet waren und ca. 1,40 cm groß. „Was? So sehen Nordulaner aus?“ Naap bestätigte Pet: „Ja, so ist es. Heinzelmännchen und Zwergenmännchen mit spitzen roten Hüten. Kaum zu glauben, aber war.“ Langsam wurde Pet klar, weswegen er hier hergebracht worden war.

Gab es auf der Erde in Europa nicht die Sage um eben solche Wesen, die mancher sich sogar in den Garten stellte und sehr schön fand. Es gab sie also wirklich. Und, kaum zu glauben. Sie waren Aliens. Naap, erklärte Pet die ganze Sache genauer, als er leises Verständnis bei Pet aufglimmen sah. „Diese Zwerge kommen von hier?“, fragte er. „Ja“, erzählte Naap. Er begann damit, wie die Nordulaner einst einmal zu Besuch auf die Erde kamen. Es war keine inetrgalaktisch-touristische Struktur, die sie vorfanden und bei ihrem Besuch verübten sie freiwillig irgendwelche Dienste . Sie wurden hoch gelobt dafür, aber auch ständig gesucht von den Einwohner, was ihre weiteren Besuche auf der Erde nicht nur erschwerte, sondern unmöglich machte. „Sie sind eben das Arbeiten im Urlaub nicht gewohnt“, erklärte Broochie verständnisvoll. „Letztlich sind sie aber irgendwie Teil eurer Weltkultur, wenn auch für euch unbewusst und das wollten wir dir zeigen und erklären. Darum der kurze Trip nach Nordula.“ Mehr gab es hier im Moment für nicht Bergsportbegeisterte nicht zu sehen und so nahmen sie den nächsten Aufzug der sie zurück zum sortanischen Schiff führte.

13. Erlebnisreise pur

Sie waren schon wieder an Bord und Pet nun auf's äußerste gespannt, was für Geheimnisse und Schönheiten das Universum noch für ihn bereit hielt. Er konnte den nächsten Anflug gar nicht erwarten und war bereit, sich auf alles einzulassen. Vorerst jedoch blickte er durch das große Seitenfenster neben seinem Sitz und bestaunte das Universum ansich. Der Kapitän beobachtete ihn heimlich und fühlte sich in seine erste Raumreise zurückversetzt. Er überlegte kurz, dann fragte er ihn: „Wie wäre es mit einem Flug nach Morgana? Hast du noch nicht gesehen und bestimmt wird er dir gefallen. Er ist fast wie die Erde, nur noch etwas mehr H2O. „Wie die Erde“, dachte Pet. Er vermisste sie schon etwas und dann war das doch genau das richtige Ziel. Ein erdgleicher Planet mit genug, wie hatte der Kapitän gesagt, ah ja Hazweioh. Der Kapitän flog mit dem Raumschiff schon durch die Lichtmauer, wärend Pet noch überlegte, welches Element wohl Hazweioh gewesen war. „Kannst du schwimmen?“, fragte der Kapitän. Da fiel es Pet schlagartig ein und er griff sich verträumt an die Birne als er den Planeten sah. H2O – natürlich, ein Wasserplanet.

14. H^2O im Überfluss

Morgana floss nicht über. Gott sei Dank. Obwohl man es hätte glauben können. Der ganze Planet war mit Wasser bedeckt und sowas kam der Erde doch ziemlich nahe, von den fünf Kontinenten einmal abgesehen. Wasser gab es genug oder H2O, wie sich der Kapitän ausgedrückt hatte. Pet jedoch sah das Problem schon. Es gab sonst nicht viel zu sehen und wo sollten sie auch landen? Er begutachtete den erdähnlichen Planeten noch einige Minuten. Dann drängte er zum Weiterflug.

„Was, du willst schon weiter?, fragte der Kapitän samt der sortanischen Begleitertruppe simultan. „Du hast doch noch gar nichts gesehen. Warte mal noch ein wenig ab." Pet verstand nicht. Es gab keine Kontinente oder Inseln, kein Festland, keine Gebirge – nein nicht einmal Sand, wie auf Orang. Was sollten sie hier machen? Die Lösung folgte umgehend. Der Kapitän drückte einige weiße Knöpfe und Flog mit seinem Schiff in die Atmosphäre des Planeten ein. „Geh`n, wir angeln?" fragte Pet erstaunt. „Warte nur", erklärte der Kapitän und flog mit ungeminderter Geschwindigkeit auf den Ozean zu. Nun, bekam er Angst. Der Kapitän sah es und zögerte nicht weiter. „Aquafunktionen ausfahren", rief er in ein Microfon. Jetzt war es klar. Sie wollten auf dem Ozean landen. Falsch, völlig falsch. Das Schiff bremste nicht sondern flog ungehindert auf die Oberfläche zu. Das Schiff durchschlug mit seiner Geschwindigkeit die Ozeanoberfläche und tauchten in den unendlichen morganischen Ozean ein. Das hatte Pet nun nicht erwartet. Sie tauchten. Und was es hier zu sehen gab, waren keine Schiffswracke oder sonstige Umweltverschmutzungsgegenstände. Es war Wasser, selbstverständlich und eine riesige Unterwasserstadt bzw. Siedlung. Stadt an Stadt befand sich unter Wasser und hier und da streifte ein Schwimmender Alien, der irgendwie an eine Qualle mit Kopf erinnerte, das Schiff. Fische und Ähnliches gab es, Haie, Wale, aber auch kleine Fischschwärme und seepferdchenartige Wesen. Letzteren waren die eigentlichen Bewohner der Planetenunterwasserwelt. So wurde Pet vom Außenminister Broochie aufgeklärt. In den schwimmenden Städten die wir durchflogen tummelten sich diese Wesen zu Hunderten und alle schienen ihrem Tagwerk nachzugehen.

„Wir müssen vorsichtig fliegen oder besser schwimmen und dürfen den Kapitän jetzt nicht in seiner Konzentration stören“, sagte er noch. „Das gäbe ein schönes Hallo.“ Die weißen Ozeanstädte von Morgana gefielen Pet bislang am besten auf ihrer Reise. Wie aus Elfenbein gehauen oder weißem Stein lagen diese Städte neben ihnen und schwammen im ruhigen Ozean treibend. Hier und da wurde die Position durch irgendwelche großen manövrierenden Düsen gesteuert, aber der Rest war einfach beeindruckend und Pompös. In all seiner Schönheit und Grazilität. „Es gibt zwei Rassen auf Morgana, die friedlichen Ferdianer und die etwas weniger friedlichen Mestruoren. Beide sind von Einander abhängig, hassen sich aber gleichzeitig dafür. Die Ferdianer, das sind diese grazilen Seepferdwesen und leben von Meergetier, während die Mestruoren, das sind die vorher vorbeigeschwommenen quallenartigen Wesen, diese jagen. Es sind eben sehr tierverwandte Rassen hier in diesem Planetenozean“, erklärte Naap . „Wir wollen uns nicht zu lange hier aufhalten. Der Flug hier ist sehr gefährlich.“ „Nicht für uns sondern für die Morganer“, fügte er hinzu. Kaum zu glauben, dachte Pet. Soviel Schönheit, verborgen und grazil unter der Meeresoberfläche, die so friedlich zu sein scheint. Und doch gibt es, wie auch auf der Erde, neben aller Schönheit eine befremdende Seite des Meeres. „Schade eigentlich“, dachte er laut. Naap horchte auf. „Was ist Schade?“, wollte er wissen. „Ach ich dachte nur Schade, dass dieses Volk so viel Streit und Missgunst hier unter der Meeresoberfläche hat und sie nicht abschütteln kann. Es wäre so schön hier.“ „Da hast du Recht“, sagte Naap und lächelte. „Aber sie sind noch nicht soweit.“

Der Sortane wusste sich nun bestätigt, dass er mit Pet den Richtigen auserwählt hatte oder besser das Glückslos des Preisausschreibens und damit das Schicksal den Richtigen erwählt hatte für seine Botschaftertätigkeit auf und für Sortan. Pet war das nicht bewusst. Er war aber froh, wieder anscheinend das Richtige gesagt zu haben, denn Naap war offensichtlich plötzlich sehr glücklich und wollte dies auch nicht verbergen. Pet war darüber wiederum froh und so tauchten sie langsam gemeinsam lächelnd der Oberfläche des Ozean wieder entgegen. Die Luftvorräte waren verbraucht und die Konzentration des Kapitäns hatte schließlich auch seine Grenzen.

15. Kurzer Anflug auf Monga IV

Habt ihr schon mal richtig große Aliens gesehen? Nun, vermutlich nicht. Pet auch nicht, zumindest nicht, bis er auf dem safrangelben Planeten Monga IV mit seinen Begleitern anlangte. Seine Bewohner waren Riesenwesen oder eben die besagten Riesenaliens. Einer nach dem anderen stampfte an ihnen und ihrem “kleinen“ Raumschiff vorbei. Ein wenig ähnelten die Monganer den Menschen, nur waren sie eben viel, viel größer. Fünf Finger an jeder Hand, zehn Zehen, ein Kopf und einige bekannte Körperteile mehr machen eben noch keinen Menschen aus. Bei einer Größe von gut Sechszehnmeterzwanzig fällt jeder Vergleich schlecht für die Menschen aus. Pet fühlte sich zum ersten Mal richtig klein. Klein, winzig, nun eben nicht 16,20 m. Den Sortanern ging es ähnlich. Dennoch hatten sie Pet nicht ohne Grund hierher gebracht. Doch was war ihr Beweggrund? Diesen zu verstehen, müssen wir eines wissen. Sortaner sind sehr kontaktfreudige Wesen. Sie hatten auch schon längst den Erstkontakt mit den Monganer gesucht, waren aber bislang immer gescheitert. Sie wurden schlichtweg nicht beachtet oder ignoriert. Das tat den Sortanen in ihrer Art sehr weh und es bekümmerte sie zutiefst, besonders Naap. Naap hatte ein Vorhaben. Er wollte Pet aufwerten.

Vielleicht gelang es diesem herzenguten Menschen, die Monganer ohne teure Limo-Kampagne oder ähnliches auf sich aufmerksam zu machen. Doch wie es schien, war das ein erster Irrtum seinerseits gewesen, von denen für ihn noch so manche folgen sollten, wie sich bald zeigen würde. Sie schafften es nicht, durch Rufen, Herumschweben mit dem Raumschiff oder ähnliche Aktionen die Aufmerksamkeit der Monganer zu erlangen und was besonders ärgerlich war, war die Tatsache, dass sie nicht von Monganern verstanden wurden. Diese hatten sie längst bemerkt, aber letztlich hilft es alles nichts, wenn man von einem umherschwirrenden Etwas nicht verstanden wird oder die die eigenen Beweggründe nicht verstehen. Morganer können trotz ihrer Größe oder vielleicht gerade deswegen, nicht sprechen. Ein Translator wäre also auch für die intergalaktische Katz' gewesen. Das war das eigentliche Problem. Leider stand es nirgends, denn letztere Rasse konnte nämlich auch nicht schreiben. Sie waren Analphabeten. So zogen Naap, Broochie samt Pet unverichteter Dinge wieder ab und Naap`s Plan von dem niemand ernsthaft wusste, ging insgeheim nicht auf.

Leider muss gesagt werden, es wäre der menschliche Zweitkontakt geworden. Naap entschuldigte sich letztlich für dieses Missverständnis der Größe wegen. Er wollte Pet einfach jemand, wie zuvor auch schon, vorstellen. Aber es sollte nicht sein und das ist letztlich irgendwie frustrierend aus seiner Sicht. Pet seinerseits fragte nicht weiter und so ging alles wieder weiter seinen Gang.

16. Neuer Planet, neues Terrain

Drudia war kein besonders schöner Planet, zumindest nicht von oben aus dem Weltraum gesehen. Rotblaue Gaswolken, grauweiße Steppe. Alles in allem, kein Planet um Urlaub zu machen. Warum um alles in der Welt grade dieser Planet, fragte sich Pet. Trotz seinem Mangel an Erfahrung mit dem Universum war er doch inzwischen schon etwas wählerisch geworden oder sagen wir verwöhnt. Naja, vielleicht hätte man den Besuch auf Schnitzpo mit seiner Kristallhöhle noch etwas drücken sollen. Sei`s drum, nun waren sie da.

Was es hier zu sehen gab? Es waren Steine und Roboter, die sie abbauten. Nirgendwo im Universum gibt es mehr Androiden und Maschinen und nirgendwo mehr von dieser wunderschönen Steinen, die sie abbauten. Nun ist ein Stein und seine Schönheit etwas, das im Auge des Betrachters liegt. Der eine findet einen weißen Kiesel und hält ihn für den schönsten bis er einen schöneren findet. Der andere sammelt sie nur und findet sie schön, wenn sie möglichst rund geformt sind. Nun auf Drudia trifft sowohl das eine als auch das andere auf die Steine zu. Zum einen sind sie in riesigen Mengen vorhanden, zum anderen weiß und absolut rund. Jeder Einzelne. Es ist ein besonderes Material, das dies möglich macht und nicht wie gewohnt die

Erosion der Erde bzw. Drudia. Jeder Stein ist, gleich wie groß, absolut rund und murmelförmig. Diese besondere Sache mit den Steinen muss man unbedingt einmal gesehen haben. Steine also, klein, groß, größer, kleiner, weiß, rund, fein, grob und feiner. Das war der Hauptgrund ihres Anfluges, wie Pet von Naap erfuhr. „Außerdem wollen wir dir auf diesem sonst wirklich nicht attraktiven Planeten einmal zeigen, was ein echter Android und Roboter ist", erklärte Naap weiter. „So, wir sind da." Sie stiegen aus und Pet rutschte auf den Steinen aus und saß auf dem Boden. „Ein kleiner Schritt für einen Menschen, ein riesiger Ausrutscher für die Menschheit. Was sollte man auch sonst tun mit Turnschuhen, wenn man auf einem Planeten aus Murmeln aussteigt." meinte er. Napp half ihm hoch. „Willst du ein paar Weltraumstiefel", fragte er. Pet entschied sich dagegen. „Es wird schon gehen. Ich muss eben im Steinsand laufen und den größeren Kugeln ausweichen." Kaum zu glauben aber es klappte.

„Wie ist ein solches Phänomen der Steine mit seinen Bewohnern zu verbinden und wie kann man auf solch einem Planeten leben?" fragte Pet. „ Eine gute Frage wie, ich finde. Nun, ich mach es kurz. Garnicht. Es gibt keine Heimatrasse oder Lebewesen auf Drudia. Dafür aber Droiden. Diese waren an das Boden und Steinphänomen prima angepasst und bauten, wie sollte es anders sein, die Steine zu Industriezwecken ab“ gab Napp zur Anttwort. Die Sortaner liefen gewissermaßen barfuß oder auf ihren gefärbten Zehen und so kamen die drei Besucher, Pet, Naap und Broochie sehr gut voran. Die meiste Zeit piekte zwar irgendetwas, aber nach gut einer viertel Stunde hatten sie wohl 180 Meter Fläche, vom Raumschiff aus gesehen geschafft, so dass sie einige Droiden in Augenschein nehmen konnten.

Die Roboter kümmerten sich nicht um sie, denn sie waren wenig erfreut. Aber es waren eben letztlich Maschinen, die nicht für die Kommunikation konzipiert waren. Zum ersten Mal sah Pet nun einen funktionstüchtigen Androiden Steine klopfen und das Menschenherz ging ihm auf und über. „Wie schön wäre es, einen solchen zu haben“, sagte er. Davon träumten Millionen von chinesischen Roboterkonstrukteuren und er durfte sie hier bestaunen. Er war tief beeindruckt und erstaunt, als Broochie meinte: „„„Drudia ist ein defektes Weltraumatom. Aber sagt es nicht weiter, denn die Wissenschaftler und Astrophysiker auf eurer Erde könnten dann nicht mehr ruhig schlafen.“

17. Der Planet Oxno III

Ja, den Planet Oxno hatten sie ja längst hinter sich gelassen oder vor sich oder was auch immer. Pet wusste es nicht genau. Doch war er weder der einzige Planet dieses Namens, noch etwas ernsthaft besonderes gewesen. Zumindest aus astronomisch-sortanischer Sicht. Es war eben nur eine spontane Idee gewesen, Letzteren zu besuchen, schließlich war es ja nicht so angenehm und von großem Erfolg für Pet und seine sortanischen Reisebegleiter gewesen und so hatte sich Naap, in Absprache mit seinem Außenminister dazu entschlossen, die Sache auf Oxno wieder gut zu machen.

Hier auf Oxno III gab es, wie auf den meisten Planeten mit dem Namen Oxno, auch jede Menge Pflanzen und Tiere zu bestaunen. Daneben, wie auf der Erde in Mexico die Mayatempelruinen, diverse Tempel, die mitten in der Pflanzenwelt und im Dschungel lagen. So sie die Pflanzen und Tiere des Universums oder zumindest einen Teil schon gesehen und vor allem kennengelernt hatten, sollte nun diesmal nichts dergleichen passieren und sie landeten auf dem Vorplatz eines großen mangonischen Tempels.

“Wieso eigentlich mangonisch?“ Der Außenminister antwortete auf Pet's Frage: „Nun, man erzählt, es war für ihren großen Gott Ongo unmöglich, Oxnoner oder Oxnoren zu sagen. Deshalb legte er fest, sie sollten Mangoner heißen. So sind die Bewohner zu ihrem Namen gekommen.“ Der Planet war also von den Mangonern, neben Schmetterlingen und Pusteblumen besiedelt. Keine gefährliche Rasse, aber sehr religiös. Sie hatten mehrere Handpaare, von denen eines gewohnheitsbedingt und aus Überzeugung meist stetig gefaltet blieb, um ihren Gott Ongos nicht zu verärgern und weil man im täglichen Gebrauch, nicht mehr als zwei Hände braucht.

Die drei Besucher aus dem Weltraum wurden von den Mangonern und natürlich oder hauptsächlich ihrem Gott herzlich empfangen. Sie wurden sogleich zu einer Zeremonie eingeladen, um Ongo zu preisen und missioniert, lehnten aber Letzteres dankbar ab, ohne ihnen ernsthaft weh zu tun. Zumindest hofften unsere Besucher das. So ähnlich, wie es auf der Erde mit den Zeugen Jehovas oder ähnlichen Gruppierungen geschieht. Meistens jedenfalls. Den religiösen Beistand ablehnend oder abgelehnt besuchten sie einige der kleineren Tempel, besahen sie aber nur von außen. Man wollte ja keinem der Mangoner zu nahe treten oder gar sie samt ihrem Gott verärgern. Pet fand das ganze sehr Eindrucksvoll und interessant und je mehr er darüber nachdachte, desto gewaltiger erschienen ihm die

Tempel, die ja offensichtlich von einer fremden Rasse, auf einem für sie zuvor fremden Planeten, errichtet wurden. Mayas waren schon gut, aber die hier …, dachte er insgeheim und nur für sich, ohne ein Wort zu sagen. Er selbst glaubte an Gott, hatte es aber mit der Religion und dem Religiösen nie so ernst genommen. Zumindest hätte er keinem Gott namens Ongo einen Tempel in der Größe von zwanzig Fußballfeldern gewidmet. So oder so, sehr beeindruckend das Ganze.

Die Tempel waren alle aus bläulichem Fels oder Stein gehauen oder gebaut und was feststand, wenn mit eigener Hände Arbeit errichtet, dann hatten die Mangoner jede ihrer Hände brauchen können. Nach nochmaligem mehrstündiger Bewunderung der Tempelkulisse (Pflanzen und Tiere, also Flora und Fauna) verabschiedeten sie sich von den Bewohnern und verblieben mit freundlichem Gruß und Dankeschön für die Gastfreundschaft.

Die Besucher bestiegen wieder ihr spitzrundes Raumschiff und flogen weiter. Gott hatten sie leider nicht auf Oxno III gefunden, dafür viele neue Eindrücke vom Universum.

18. Sopan plus

Sopan plus war wieder einmal atmosphärenfarbig, nichts besonderes. Im Grunde war es ein wechselndes Grau, das gelegentlich noch etwas Blau freigab. Der Grund hierfür war nach der Landung auf Sopan plus schnell geklärt. Sopan plus war eine einzige große Stadt, in der die Besiedelung eines gewöhnlichen Mittelklasseplaneten ihren Meister gefunden und ihr absolutes Maximum erreicht hatten. Der Grund für die graue Atmosphäre ist Smog.

Naap und Broochie strahlten nicht gerade als sie aus dem Raumschiff traten. Das fiel Pet sofort auf. Zu groß war wohl die Enttäuschung, ihre eigene Kolonie betreffend. Das hier vor ihnen Liegende, war für die Sortanen einfach eine Nummer zu groß und zu wuchtig und für sie vermutlich nie zu erreichen. Pet spürte ihre Betroffenheit ein weiteres Mal ganz deutlich, verstand aber gleichzeitig den Grund ihres freiwilligen, für die Sortanen demütigenden Besuchs von Sopan plus nicht. Warum waren sie her gekommen? Pet überlegte hin und her, ging allesmögliche Geistig nochmals durch, doch er kam nicht darauf. So entschied er sich seine zwei bedrückten sortanischen Führer einfach zu fragen. Er machte es kurz: „Warum sind wir hier“, fragte er kurz angebunden. Naap sagte erst nichts.

Dann allerdings rang er sich doch zu einigen Worten durch: „Das ist Sopan plus, eine der Kolonien der Moganer. Broochie dachte du würdest gerne eine solche erfolgreiche und große Kolonie im Weltraum und Universum sehen. Diese ist das Maß der Dinge.“ Pet spürte wieder die offensichtliche Betroffenheit des Sortanen und wusste gleichfalls, was er nun sagen musste: „Ich fand eure Kolonie nicht übel, vielleicht nicht so protzig und groß, dafür aber nicht so voll Smog. Sehr schön und beziehenswert.“ „Ist das dein Ernst?“, fragten beide Sortaner wie aus einem Mund. „Ja“, antwortete Pet. Und es war wirklich so. Ihm gefiel wohl auch diese pompöse Kolonie mit ihren vielen Wolkenkratzern, Landeplattformen, Speedlifts o.w.a.i., aber wohl gefühlt hatte und hätte er sich mehr auf der Sortanerkolonie Wombo 9. Sie war einfach kleiner und heimeliger gewesen im Vergleich zu der von den Moganern. Hier hätte er sich nie eingelebt oder wohlgefühlt. Er selbst kam ja auch aus einer kleinen Stadt. Aber, ebenso wenig man seine Stadt mit New York vergleichen konnte , kann man die Sortanerkolonie Wombo 9 mit Sopan plus vergleichen und sollte es wohl auch nicht. Den Sortanern wurde von Pet`s Reaktion ein weiteres Mal das außerirdische Herz warm. Wie konnte dieser wohl unwissende Mensch, der so gar nichts vom Universum wusste, nur eine Kolonie, wie die ihre, mit all ihren Macken und Fehlern dieser hier vor ihm liegenden erfekten Kolonie der Moganer gefühlsmäßig vorziehen. Sie verstanden es nicht. Freuten sich aber umso mehr, als ihre Bemühungen endlich einmal positiv gewürdigt und offensichtlich ehrlich anerkannt wurden. „Willst du noch mehr von Sopan plus sehen“, fragte Naap endlich wieder lächelnd und freudig gestimmt. „Och nein. Ist auch nicht viel anders als die anderen Planeten, die wir bislang besucht haben, wenn auch sehr gewaltig und ebenfalls sehr interessant. Aber ich fühle mich hier irgendwie fehl am Platz. Ich habe alles für mich wesentliche schon war genommen und hab`s nicht so mit der Großstadt“, sagte Pet ehrlich ohne seine Botschafterrolle zu vergessen oder sie aus den Augen zu verlieren. Damit hatte er als menschlicher Botschafter alles richtig gemacht. Auch aus Sicht der Sortaner. Diese waren hocherfreut, keine Niederlage eingestehen zu müssen oder sich eine Blöse verschafft zu haben und so bestiegen sie zu dritt wieder das Raumschiff, um für alle noch Schöneres zu sehen und kennen zu lernen.

19. Böses erwachen für Sortan oder Fehler auf sortanisch

Nach dem letzten Planetenbesuch war Pet euphorisch und mehr als mehr und über als über und über gut gelaunt. Er traute sich nun auch endlich mit der Besatzung des Raumschiffs persönlich in Kontakt zu treten. Doch wie es so sein kann, liegen Glück und Unglück dicht beieinander. In diesem Fall reichte ein einziger Satz von ihm für einen Schwenk des Schicksals. Er erzählte gerade einem der Besatzungsmitglieder an einer der Konsolen vom Essen seiner Großmutter, als er folgendes im Bezug auf seinen Planeten fallen ließ: „Schade, wirklich schade, dass wir kein solches Raumschiff haben. Wir könnten so viel noch sehen vom Universum und entdecken. Allein die vielen Rezepte“, sagte Pet entzückt. „Was? Ihr seid nicht im Begriff, mit einem Raumschiff zu fliegen und ihr habt nicht mal eins?“, rief Napp daraufhin plötzlich entsetzt und Broochie fiel kurzum erstmal kurzentschlossen in Ohnmacht. „Nein, nicht das ich wüsste. Wieso?“, erklärte Pet. „Ist das sicher?“ „Ich würde sagen ja. Ihr könnt es nochmals prüfen, wenn ihr wollt“, erklärte Pet unwissend erklärend. „Dann, oh man, dann haben wir einen riesigen intergalaktischen Fehler gemacht“, stellte Naap fest.“ Nach einigem Überlegen setzte er hinzu: „Wir brauchen deine Mithilfe und sind darauf angewiesen.

Meinem Volk bring ich die Sache schon irgendwie bei, irgendwie, irgendwann, irgendwo. Dich jedoch müssen wir nun so schnell wie möglich nach unserem Ausflug durch das Universum wieder auf deinem Heimatplaneten absetzen und um absolutes Stillschweigen über alles Erlebte bitten. Es geht nicht ander`s. Vertrau mir.“ „Ist gemacht. Wer sollte mir das alles auch ohne Beweise glauben?“,versicherte der einfältige Pet, verstand aber nicht die Beweggründe dieser Bitte. Der sortanische Kapitän gab plötzlich Zusatztempoorder. „Die Erde ist noch dunkel und keiner hat uns bislang geortet oder gesehen Sir. Weder früher noch nachher,“ erklärte er Naap. „Dann auf! Wir müssen zur Erde zurück“, schrie Naap erbost. Wie es schien, auf sich selber, vielleicht auch auf den Rest der Welt und des Universums.

Der Sprung durch die Lichtmauer dauerte etwa eine halbe Stunde, in der keiner mehr ein Wort verlor. Naap war sauer, der Kapitän hochkonzentriert und Broochie noch immer weg. Alles atmete erleichtert auf, als der Computer die Erdkoordinaten registrierte. „Da sind wir wieder“, stellte der Kapitän fest. „Die Erde.“ „Keiner hat unseren Anflug bemerkt.“ „So soll`s auch bleiben“ erklärte Broochie eben wieder erwacht. „Wir müssen ihn sofort im Dunkel absetzen und verschwinden“, fügte er noch etwas taumelig aufstehend hinzu. „Es gibt keine

Alternative“, erklärte Naap bekümmert. „Nein.“ „Koordinaten geladen“, erklärte der Kapitän, es piepte auf seinem Pult. „Dann los“, erklärte Naap irgendwie noch immer verstört. „Was ist denn los?“, wollte Pet nun wissen. „Wir müssen dich vorzeitig wieder auf der Erde absetzen, zu unserem und deinem Schutz. Mehr kann ich dir vorerst noch nicht sagen. Alles weitere später. Stell mir keine Fragen.“ „Ich würde nur gern wissen was los ist“, erklärte Pet. „Warum jetzt schon zurück zur Erde?“ „Ich will es dir kurz erklären, du hast es wohl verdient, stellte Naap fest.“ „Wir, mein Volk und ich sind einsam und wir sind häufig unzufrieden mit uns, weißt du. Wir wären gern mehr, als wir sind. Uns gelingt vieles nicht, so wie denen auf Schizpo, die keiner wegen ihrer Art mag oder so wie mir, der ich mal auf Orang unglücklich verliebt war. Vielen von uns geht es so, weil wir nicht an uns glauben können. Da dachten wir eines Tages an die Erde und ihre Bewohner und wie es ihnen wohl inzwischen geht und wie sie damit umgeh`n. Wir wären gern mit euch befreundet und hätten gern gelernt, wie man es besser oder anders machen kann. Das wäre so wichtig.“ Naap hielt noch was zurück und sagte:

„Ich erkläre es dir nachher beim Ausstieg noch.“ Pet begnügte sich mit der Antwort des sehr geknickt und traurig wirkenden sortanischen Oberhaupts der sie in bekümmerten und zugleich ruhigen Worten gesprochen hatte. Er wollte auch nicht tiefer schürfen. Das war nicht seine Art. So gern er den genauen Grund für die plötzliche Rückkehr zur Erde nach seiner Erklärung erfahren hätte. Er geduldete sich, wenn es ihm auch schwer fiel.

20 - Vor dem Ende

Sachte setzten die Sortaner mit der Rampe auf dem Hochhausdach von Pet auf. Leise war auch der Anflug vergangen. Anscheinend waren die Sortaner, wie auch Pet, traurig über den Abschied. Leise war es auf dem Deck und der Brücke gewesen. Pet war ihnen doch irgendwie an`s Herz gewachsen. Dass es mit dem gewünschten Planetenkontakt noch nicht`s wurde, daran war letztlich nicht Pet schuld. Naap umarmte Pet nochmals auf der Rampe, nachdem er einige Schritte gemacht und dann wieder zurück gelaufen war. „Es tut mir leid, hätte dir gern noch mehr gezeigt und von dir gelernt, wir hätten so viel austauschen können“, schluchzte er. „Hatten lang nichts mehr von euch gesehen und dann plötzlich das Ding auf dem Mars, AREA 51- Programm und irgendwie seid ihr doch da hin gekommen ... alles nur ein Irrtum … und ich hab`s nicht gemerkt. Wir dürfen euch leider noch nicht kontaktieren, galaktisches Gesetz: §32.567 Sternenordnung der Planetenriege Gamma$^3$ und so `n Scheiß.“ „Nein, leider nicht Naap“, antwortete Pet verständnisvoll so gut es ging, um ihn nicht weiter zu bekümmern und verließ die Rampe. Er verstand die Situation und auch die Sortanen inzwischen. „Vielleicht ein ander mal. Danke für die schöne Reise mit Führung durch`s Universum“, sagte Pet tröstend zu Naap aufsehend. Napp sah es wohl nicht so oder nahm es einfach nicht so leicht. Denn er zog sich langsam rückwärtsgehend mit Tränen in den Augen zurück. „Ihr habt doch genau so viel wie wir und mehr noch“, rief Pet ihm noch zu. „Danke“, hörte man Naap`s Seele daraufhin sagen und sein Herz frohlockte innerlich vor Glück. „Vielleicht ein ander mal, lieber Pet“, sagte Naap und hob nochmals den rechten Arm zum Abschiedsgruß in der Tür stehend. Die Tür des lichtumrandeten Ausgangs, indem Naap noch bis zum Schluß stand, schloss sich. Das Raumschiff hob leise beschleunigend ab und Sekunden später war es nur noch ein dunkler Punkt am Nachthimmel zwischen Mond und Erde verschwindend.

21. Ende

Nun, nach all dem erlebten und gesehenen und wieder Zuhause auf der Erde, war Pet froh alles mitgenommen, gesehen und den netten Sortanen nicht wiedersprochen zu haben. Wer hätte auch gedacht das ein einziger kurzer Satz, eine Seele und vielleicht damit einen Planeten samt seinem Volk heilen konnte. Einfach nur ein Lob. Er lachte innerlich. Pet war müde, aber glücklich; auch über das was er nicht zu sehen bekommen hatte. „Nun die Sortaner und Naap werden wissen, wieso und warum nur dies und das“, dachte er. „Was bekommt man auch sonst für 25 Flaschendichtungen im Vergleich und bei ähnlichem Wettbewerb“, wisperte er im schlaftrunkenen Zustand vor sich hin und war kurz darauf weggepennt, um vom restlichen Planetensystem des Universums und der möglichen Zukunft zu träumen.

Zum Autor / zu mir:

Ich wurde am 27.05.1983 in Friedrichshafen am Bodensee geboren, wo ich bis heute meine Wurzeln sehe. In Nähe des Bodensees (Ravensburg) lebe ich inzwischen inspiriert durch die schöne Landschaft glücklich vor mich hin. Dazwischen liegen eine Gärtnerausbildung und 9 Jahre Hauptschule, die Arbeit als Gärtner und zuletzt eine Tätigkeit im Bereich Verpackung und Kommissionierung, die mir die Zeit zum Schreiben gelegentlich eingeräumt hat.

Mehr über mich auf der

Homepage:

http://www.simonkaessheimer.online

FSC
www.fsc.org
MIX
Papier | Fördert gute Waldnutzung
FSC® C083411

Kolibri 360 GmbH
Ferdinand-Jühlke-Straße 7
99095 Erfurt, Deutschland
produktsicherheit@kolibri360.de

Druck:
CPI Druckdienstleistungen GmbH
im Auftrag der
Kolibri 360 GmbH
Ferdinand-Jühlke-Str. 7
99095 Erfurt